# ◆ 本書の構成と利用法

本書は，『化学基礎』の「酸と塩基」，「酸化還元反応」に関する問題を数多く収録したドリル形式の問題集です。15テーマの学習内容に取り組むことで，「酸と塩基」，「酸化還元反応」に関する基本的な知識や考え方を着実に習得することができます。

- **学習のポイント** ポイントとなる重要事項を，簡潔に解説しています。重要事項は赤字で示しています。
- **解き方** 空所補充をしながら，計算方法や解法を学ぶことができます。
- **問題** 基本的な問題を掲載しています。反復演習を必要とするものについては，その類題を数多く掲載し，段階的な学習を行うことができるようにしています。

JN109088

# 目次

**1** 酸と塩基(1) ……………………… 2

**2** 酸と塩基(2) ……………………… 4

**3** 水素イオン濃度とpH …………… 6

**4** 中和と塩 …………………………… 8

**5** 中和の量的関係(1) …………… 10

**6** 中和の量的関係(2) …………… 12

**7** 中和滴定(1) …………………… 14

**8** 中和滴定(2) …………………… 16

**9** 酸化還元の定義・酸化数 ……… 18

**10** 酸化剤と還元剤(1) …………… 20

**11** 酸化剤と還元剤(2) …………… 22

**12** 酸化還元の量的関係 …………… 24

**13** 金属のイオン化傾向 …………… 26

**14** 電池 ……………………………… 28

**15** 電気分解【発展】 ……………… 30

計算問題の解答 ……………………… 32

本書では，有効数字について，次のような取り決めにしたがっています。
①原子量は有効数字として取り扱わないものとする。
②原則として，問題文中で与えられた数値の最小の有効桁数で解答するものとする。

● **生徒用学習支援サイト　プラスウェブのご案内** ●

スマートフォンやタブレット端末機などを使って，セルフチェックに役立つデータをダウンロードできます。　　https://dg-w.jp/b/9fc0001

[注意]　コンテンツの利用に際しては，一般に，通信料が発生します。

学習日　　月　　日

---

### 学習のポイント

**①酸と塩基**

　酸……酸性を示す物質。　　（酸性の例）青色リトマス紙を赤くする。金属と反応して**水素**を発生する。

　塩基…塩基性を示す物質。　（塩基性の例）赤色リトマス紙を青くする。

**②酸と塩基の定義**

| | 酸 | 塩基 |
|---|---|---|
| アレニウスの定義 | 水溶液中で電離し，$H^+$を生じる物質 | 水溶液中で電離し，$OH^-$を生じる物質 |
| ブレンステッド・ローリーの定義 | 相手に$H^+$を与える物質 | 相手から$H^+$を受け取る物質 |

---

**1** **酸・塩基の性質**　酸や塩基の性質に関する次の文の（　　）にあてはまる語句を記せ。

　酸性を示す物質を酸という。酸は酸味を示し，(ア　　　　)色リトマス試験紙を(イ　　　　)色に変えたり，BTB溶液を(ウ　　　　)色に変える。

　一方，塩基性を示す物質を塩基という。塩基は(エ　　　　)色リトマス試験紙を(オ　　　　)色に変えたり，BTB溶液を(カ　　　　)色に変える。塩基のうち，水に溶けやすいものを(キ　　　　　　)という。

**2** **酸の化学式**　次の酸の化学式を記せ。

(1) 塩化水素

(2) 酢酸

(3) 硝酸

(4) 硫酸

(5) シュウ酸

(6) 硫化水素

(7) リン酸

**3** **酸の名称**　次の酸や塩基の名称を記せ。

(1) HCl

(2) $H_2SO_4$

(3) $CH_3COOH$

(4) $(COOH)_2$

(5) $HNO_3$

(6) $H_2S$

(7) $H_3PO_4$

**4** **塩基の化学式**　次の塩基の化学式を記せ。

(1) 水酸化ナトリウム

(2) 水酸化カリウム

(3) アンモニア

(4) 水酸化カルシウム

(5) 水酸化バリウム

(6) 水酸化銅(Ⅱ)

(7) 水酸化アルミニウム

**5 塩基の名称** 次の塩基の名称を記せ。

(1) NaOH

_____

(2) $Ba(OH)_2$

_____

(3) KOH

_____

(4) $Cu(OH)_2$

_____

(5) $Al(OH)_3$

_____

(6) $Ca(OH)_2$

_____

(7) $NH_3$

_____

**6 酸・塩基の電離** 例にならって，次の各物質の電離を示す式を表せ。ただし，2段階に電離する物質は，全段階の電離をまとめた式で表せ。

(例) 塩化水素 HCl

$HCl \longrightarrow H^+ + Cl^-$

(1) 硝酸 $HNO_3$

_____

(2) 硫酸 $H_2SO_4$

_____

(3) 酢酸 $CH_3COOH$

_____

(4) 硫化水素 $H_2S$

_____

(5) 水酸化ナトリウム NaOH

_____

(6) 水酸化カリウム KOH

_____

(7) 水酸化カルシウム $Ca(OH)_2$

_____

(8) 水酸化バリウム $Ba(OH)_2$

_____

(9) アンモニア $NH_3$

_____

**7 ブレンステッド・ローリーの定義** 次の文中の(ア)と(イ)にはあてはまる語句を，〔ウ〕～〔カ〕にはあてはまる化学式をそれぞれ記せ。

ブレンステッド・ローリーの定義では，酸とは相手に水素イオン $H^+$ を(ア　　　　　)物質，塩基とは相手から水素イオン $H^+$ を(イ　　　　　)物質である。

反応式 $HCl+H_2O \longrightarrow H_3O^++Cl^-$ において，HClから放出された $H^+$ は〔ウ　　　　　〕が受け取り，〔エ　　　　　〕が生成している。したがって，ブレンステッド・ローリーの定義によると，酸は〔オ　　　　　〕，塩基は〔カ　　　　　〕となる。

**8 ブレンステッド・ローリーの定義** 次の各反応式において，下線をつけた物質は，ブレンステッド・ローリーの定義から考えて，酸または塩基のどちらに相当するか，答えよ。

(1) $NH_3+\underline{H_2O} \rightleftarrows NH_4^++OH^-$

_____

(2) $\underline{HCO_3^-}+OH^- \rightleftarrows CO_3^{2-}+H_2O$

_____

(3) $\underline{HCO_3^-}+H_2O \rightleftarrows H_2CO_3+OH^-$

_____

(4) $HSO_4^-+\underline{H_2O} \rightleftarrows SO_4^{2-}+H_3O^+$

_____

(5) $H_2PO_4^-+\underline{H_2O} \rightleftarrows HPO_4^{2-}+H_3O^+$

_____

## 学習のポイント

### ①酸・塩基の価数

酸の価数……酸が電離して放出することのできる $H^+$ の数，または塩基に与える $H^+$ の数。

塩基の価数…塩基が電離して放出することのできる $OH^-$ の数，または酸から受け取る $H^+$ の数。

### ②酸・塩基の電離度と強弱

電離度…酸や塩基の電離した割合。記号 $\alpha$ $(0<\alpha\leqq1)$。

$$電離度\ \alpha=\frac{電離した酸(塩基)の物質量〔mol〕}{溶かした酸(塩基)の物質量〔mol〕}\quad または，\quad 電離度\ \alpha=\frac{電離した酸(塩基)のモル濃度〔mol/L〕}{溶かした酸(塩基)のモル濃度〔mol/L〕}$$

| 強酸<br>(完全に電離：$\alpha\fallingdotseq1$) | 弱酸<br>(電離度が小さい：$\alpha\ll1$) | 価数 | 強塩基<br>(完全に電離：$\alpha\fallingdotseq1$) | 弱塩基<br>(電離度が小さい：$\alpha\ll1$) |
|---|---|---|---|---|
| HCl, HNO$_3$ | CH$_3$COOH | 1価 | NaOH, KOH | NH$_3$ |
| H$_2$SO$_4$ | H$_2$S, (COOH)$_2$, H$_2$CO$_3$ | 2価 | Ca(OH)$_2$, Ba(OH)$_2$ | Mg(OH)$_2$, Cu(OH)$_2$ |
| | H$_3$PO$_4$ | 3価 | | Al(OH)$_3$ |

酸や塩基の強弱は，酸や塩基の価数の大小とは無関係。

---

**1 酸・塩基の価数**　次の酸や塩基の価数を答えよ。

(1) 塩化水素 HCl

＿＿＿＿＿価

(2) 硝酸 HNO$_3$

＿＿＿＿＿価

(3) 硫酸 H$_2$SO$_4$

＿＿＿＿＿価

(4) 酢酸 CH$_3$COOH

＿＿＿＿＿価

(5) シュウ酸 (COOH)$_2$

＿＿＿＿＿価

(6) 硫化水素 H$_2$S

＿＿＿＿＿価

(7) リン酸 H$_3$PO$_4$

＿＿＿＿＿価

(8) 水酸化ナトリウム NaOH

＿＿＿＿＿価

(9) 水酸化カリウム KOH

＿＿＿＿＿価

(10) 水酸化カルシウム Ca(OH)$_2$

＿＿＿＿＿価

(11) 水酸化バリウム Ba(OH)$_2$

＿＿＿＿＿価

(12) アンモニア NH$_3$

＿＿＿＿＿価

**2 酸・塩基の強弱**　次の酸や塩基は，それぞれ強酸，弱酸，強塩基，弱塩基のいずれか，答えよ。

(1) 塩化水素 HCl

＿＿＿＿＿＿＿＿

(2) 硝酸 HNO$_3$

＿＿＿＿＿＿＿＿

(3) 酢酸 CH$_3$COOH

＿＿＿＿＿＿＿＿

(4) 硫酸 H$_2$SO$_4$

＿＿＿＿＿＿＿＿

(5) シュウ酸 (COOH)$_2$

＿＿＿＿＿＿＿＿

(6) 硫化水素 H$_2$S

＿＿＿＿＿＿＿＿

(7) 水酸化ナトリウム NaOH

＿＿＿＿＿＿＿＿

(8) 水酸化カリウム KOH

＿＿＿＿＿＿＿＿

(9) アンモニア NH$_3$

＿＿＿＿＿＿＿＿

(10) 水酸化カルシウム Ca(OH)$_2$

＿＿＿＿＿＿＿＿

(11) 水酸化バリウム Ba(OH)$_2$

＿＿＿＿＿＿＿＿

**3 電離度** 次の文中の( )にあてはまる語句を記せ。

　酸や塩基が水溶液中で電離した割合を電離度という。一般に，強酸や強塩基の電離度は($^{ア}$　　　　)に近い値をとり，弱酸や弱塩基の電離度は強酸や強塩基に比べて($^{イ}$　　　　)い値をとる。

**4 電離度の計算** 次の各問いに答えよ。

(1) 0.10 mol の酢酸 $CH_3COOH$ をある量の水に溶かすと，0.0017 mol の酢酸イオン $CH_3COO^-$ が生じた。このときの酢酸 $CH_3COOH$ の電離度 $\alpha$ を求めよ。

> **解き方** 電離度 $\alpha = \dfrac{\text{電離した酸(塩基)の物質量[mol]}}{\text{溶かした酸(塩基)の物質量[mol]}}$ で求めることができる。
>
> この酢酸 $CH_3COOH$ の電離度 $\alpha$ は，
>
> 電離度 $\alpha = \dfrac{(^{ア}\qquad\qquad)\,\text{mol}}{(^{イ}\qquad\qquad)\,\text{mol}} = (^{ウ}\qquad\qquad)$

(2) 0.10 mol/L の酢酸 $CH_3COOH$ 水溶液中には $1.5 \times 10^{-3}$ mol/L の酢酸イオン $CH_3COO^-$ が含まれていた。このときの酢酸の電離度 $\alpha$ を求めよ。

(3) 0.50 mol のアンモニア $NH_3$ を水 500 mL に溶かすと，生じたアンモニウムイオン $NH_4^+$ の濃度が 0.020 mol/L になった。このときのアンモニア $NH_3$ の電離度 $\alpha$ を求めよ。

(4) 0.30 mol の酢酸 $CH_3COOH$ をある量の水に溶かして，酢酸水溶液をつくった。このとき，生じた酢酸イオン $CH_3COO^-$ は何 mol か。ただし，このときの酢酸 $CH_3COOH$ の電離度は 0.010 とする。

> **解き方** 電離度 $\alpha = \dfrac{\text{電離した酸(塩基)の物質量[mol]}}{\text{溶かした酸(塩基)の物質量[mol]}}$ なので，電離して生じた酸(塩基)の物質量[mol]は，
>
> 溶かした酸(塩基)の物質量[mol]×電離度で求めることができる。したがって，生じた酢酸イオン $CH_3COO^-$ の物質量は，
>
> $(^{ア}\qquad)\,\text{mol} \times (^{イ}\qquad) = (^{ウ}\qquad\qquad)\,\text{mol}$

(5) 0.20 mol/L のアンモニア $NH_3$ 水の電離が 0.010 のとき，このアンモニア水中のアンモニウムイオン $NH_4^+$ は何 mol/L か。

### 学習のポイント

①水素イオン濃度[H$^+$]と水酸化物イオン濃度[OH$^-$]

純粋な水もごくわずかに電離している。　$H_2O \rightleftharpoons H^+ + OH^-$

**水溶液の性質と水素イオン濃度 [H$^+$] の関係**　　$[H^+] > 1.0 \times 10^{-7}\,mol/L \rightarrow$ **酸性**

$[H^+] = 1.0 \times 10^{-7}\,mol/L \rightarrow$ **中性**

$[H^+] < 1.0 \times 10^{-7}\,mol/L \rightarrow$ **塩基性**

②水素イオン指数 pH　　$[H^+] = 1.0 \times 10^{-n}\,mol/L$ のとき，$pH = n$

| 性質 | 強 ◀──────酸性──────弱 | | | | | | 中性 | 弱──────塩基性──────▶強 | | | | | | 単位 |
|---|---|---|---|---|---|---|---|---|---|---|---|---|---|---|
| [H$^+$] | $10^0$ | $10^{-1}$ | $10^{-2}$ | $10^{-3}$ | $10^{-4}$ | $10^{-5}$ | $10^{-6}$ | $10^{-7}$ | $10^{-8}$ | $10^{-9}$ | $10^{-10}$ | $10^{-11}$ | $10^{-12}$ | $10^{-13}$ | $10^{-14}$ | mol/L |
| pH | 0 | 1 | 2 | 3 | 4 | 5 | 6 | 7 | 8 | 9 | 10 | 11 | 12 | 13 | 14 | |
| [OH$^-$] | $10^{-14}$ | $10^{-13}$ | $10^{-12}$ | $10^{-11}$ | $10^{-10}$ | $10^{-9}$ | $10^{-8}$ | $10^{-7}$ | $10^{-6}$ | $10^{-5}$ | $10^{-4}$ | $10^{-3}$ | $10^{-2}$ | $10^{-1}$ | $10^0$ | mol/L |

**1 水溶液の性質と pH**　次の文中の(　　)にあてはまる語句を記せ。

水溶液において，水素イオン濃度[H$^+$]と水酸化物イオン濃度[OH$^-$]が等しい状態を($^ア$　　　　)性という。このとき[H$^+$]は25℃で($^イ$　　　　)mol/L であり，pH は($^ウ$　　　　)である。一般に，pH が($^エ$　　　　)より小さい状態を($^オ$　　　　)性，大きい状態を($^カ$　　　　)性という。

**2 水素イオン濃度と水酸化物イオン濃度**

次の各水溶液中の水素イオン濃度[H$^+$]，または水酸化物イオン濃度[OH$^-$]を求めよ。ただし，強酸は完全に電離したものとする。

(1)　0.10 mol/L の塩酸中の[H$^+$]

**解き方**　塩酸中の H$^+$は，塩化水素 HCl の電離で生じる。　$HCl \longrightarrow H^+ + Cl^-$

HCl は1価の強酸であり，

[H$^+$]＝溶液のモル濃度×電離度から，

$[H^+] = ($$^ア$　　　$) \,mol/L \times ($$^イ$　　　$)$

　　　$= ($$^ウ$　　　$) \,mol/L$

(2)　0.20 mol/L の酢酸 CH$_3$COOH 水溶液中の[H$^+$]（電離度 0.010）

$CH_3COOH \rightleftharpoons CH_3COO^- + H^+$

(3)　0.10 mol/L の希硫酸中の[H$^+$]

$H_2SO_4 \longrightarrow 2H^+ + SO_4^{2-}$

(4)　0.10 mol/L の水酸化ナトリウム NaOH 水溶液中の[OH$^-$]（電離度 1.0）

**解き方**　NaOH 水溶液中の OH$^-$は，次の電離で生じる。　$NaOH \longrightarrow Na^+ + OH^-$

NaOH は1価の強塩基であり，

[OH$^-$]＝溶液のモル濃度×電離度から，

$[OH^-] = ($$^ア$　　　$) \,mol/L \times ($$^イ$　　　$)$

　　　$= ($$^ウ$　　　$) \,mol/L$

(5)　0.050 mol/L のアンモニア NH$_3$ 水中の[OH$^-$]（電離度 0.020）　$NH_3 + H_2O \rightleftharpoons NH_4^+ + OH^-$

(6)　0.10 mol/L の水酸化バリウム Ba(OH)$_2$ 水溶液中の[OH$^-$]（電離度 1.0）

$Ba(OH)_2 \longrightarrow Ba^{2+} + 2OH^-$

**3** **pHの計算**　次の各問いに答えよ。必要に応じて，学習のポイントの②の表を用いよ。

(1) $[H^+]=1.0\times10^{-3}$ mol/L の水溶液の pH

_____

(2) $[H^+]=1.0\times10^{-6}$ mol/L の水溶液の pH

_____

(3) $[H^+]=1.0\times10^{-10}$ mol/L の水溶液の pH

_____

(4) $[OH^-]=1.0\times10^{-3}$ mol/L の水溶液の $[H^+]$ と pH

$[H^+]$_____　pH_____

(5) $[OH^-]=1.0\times10^{-6}$ mol/L の水溶液の $[H^+]$ と pH

$[H^+]$_____　pH_____

(6) $[OH^-]=1.0\times10^{-10}$ mol/L の水溶液の $[H^+]$ と pH

$[H^+]$_____　pH_____

(7) pH＝2 の水溶液の $[H^+]$

_____

(8) pH＝5 の水溶液の $[H^+]$

_____

(9) pH＝10 の水溶液の $[H^+]$ と $[OH^-]$

$[H^+]$_____　$[OH^-]$_____

(10) pH＝12 の水溶液の $[H^+]$ と $[OH^-]$

$[H^+]$_____　$[OH^-]$_____

(11) 0.010 mol/L の塩酸の $[H^+]$ と pH（完全に電離）

$[H^+]$_____　pH_____

(12) 0.050 mol/L の酢酸 $CH_3COOH$ 水溶液の $[H^+]$ と pH（電離度 0.020）

$[H^+]$_____　pH_____

(13) 0.050 mol/L の水酸化バリウム $Ba(OH)_2$ 水溶液の $[OH^-]$ と pH（電離度 1.0）

$[OH^-]$_____　pH_____

(14) 0.0040 mol/L のアンモニア $NH_3$ 水の $[OH^-]$ と pH（電離度 0.025）

$[OH^-]$_____　pH_____

**4** **水溶液の希釈**　次の各記述について，正しければ○，誤っていれば×を記せ。必要に応じて，学習のポイントの②の表を用いよ。

(1) pH＝2 の強酸の水溶液を水で 10 倍に薄めると pH は 3 になる。

_____

(2) pH＝6 の強酸の水溶液を水で 100 倍に薄めると pH は 8 になる。

_____

(3) pH＝10 の強塩基の水溶液を水で 10 倍に薄めると pH は 11 になる。

_____

(4) pH＝8 の強塩基の水溶液を水で 100 倍に薄めると pH は 7 に近づく。

_____

# 4 中和と塩

## 学習のポイント

①**中和反応**　酸と塩基が反応して，その性質を互いに打ち消し合う変化。
　塩（酸の陰イオンと塩基の陽イオンから生じる化合物）とともに水を
　生じることが多い。　（例）$HCl + NaOH \longrightarrow NaCl + H_2O$

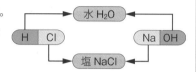

②**塩の分類**
　**正塩**…化学式中にもとの酸の H，もとの塩基の OH が残っていない塩　（例）塩化ナトリウム NaCl
　**酸性塩**…化学式中にもとの酸の H が残っている塩　（例）炭酸水素ナトリウム $NaHCO_3$
　**塩基性塩**…化学式中にもとの塩基の OH が残っている塩　（例）塩化水酸化マグネシウム MgCl(OH)

③**正塩の水溶液の液性**
　塩を作る酸と塩基の組み合わせから，その塩は酸性，中性，塩基性のいずれかが決まる。

| 酸・塩基 | 水溶液 | 正塩の例 | もとの酸 | もとの塩基 |
|---|---|---|---|---|
| 強酸＋強塩基 | **中性** | NaCl | HCl | NaOH |
| 強酸＋弱塩基 | **酸性** | $NH_4Cl$ | HCl | $NH_3$ |
| 弱酸＋強塩基 | **塩基性** | $CH_3COONa$ | $CH_3COOH$ | NaOH |

　塩の分類（正塩，酸性塩，塩基性塩）と水溶液の液性は無関係である。

---

**1** **中和反応**　次の文中の（　）にあてはまる語句を記せ。
　酸と塩基が反応してその性質を打ち消し合う変化を（ア　　　　　）という。一般に，水溶液での酸と塩基の反応から，（イ　　　　）と（ウ　　　　）が生じる。ただし，塩化水素 HCl とアンモニア $NH_3$ の反応のように（　ウ　）が生じない反応もある。

**2** **中和を表す反応式**　次の酸と塩基の中和を化学反応式で表せ。ただし，中和は完全に進行するものとする。
(1) 塩化水素 HCl と水酸化カリウム KOH

_____

(2) 塩化水素 HCl とアンモニア $NH_3$

_____

(3) 塩化水素 HCl と水酸化カルシウム $Ca(OH)_2$

_____

(4) 硝酸 $HNO_3$ と水酸化カリウム KOH

_____

(5) 硝酸 $HNO_3$ と水酸化バリウム $Ba(OH)_2$

_____

(6) 酢酸 $CH_3COOH$ と水酸化ナトリウム NaOH

_____

(7) 硫酸 $H_2SO_4$ と水酸化ナトリウム NaOH

_____

(8) 硫酸 $H_2SO_4$ とアンモニア $NH_3$

_____

(9) 硫酸 $H_2SO_4$ と水酸化バリウム $Ba(OH)_2$

_____

(10) リン酸 $H_3PO_4$ と水酸化カリウム KOH

_____

(11) リン酸 $H_3PO_4$ と水酸化カルシウム $Ca(OH)_2$

_____

**3** 塩の分類　次の各塩を，正塩，酸性塩，塩基性塩に分類せよ。

(1) $CaCl_2$

　　　　　　　　　　　　_____

(2) $NaHCO_3$

　　　　　　　　　　　　_____

(3) $NH_4Cl$

　　　　　　　　　　　　_____

(4) $CH_3COONa$

　　　　　　　　　　　　_____

(5) $MgCl(OH)$

　　　　　　　　　　　　_____

(6) $Na_2CO_3$

　　　　　　　　　　　　_____

**4** 塩の水溶液　次の各反応で生じた下線部の塩の水溶液は何性を示すか。酸性，中性，塩基性の語を，例にならって示せ。

(例) $H_2SO_4 + 2KOH \longrightarrow \underline{K_2SO_4} + 2H_2O$

　　　　　　　　　　　　　　中性

(1) $H_2CO_3 + 2NaOH \longrightarrow \underline{Na_2CO_3} + 2H_2O$

　　　　　　　　　　　　_____

(2) $H_2SO_4 + Cu(OH)_2 \longrightarrow \underline{CuSO_4} + 2H_2O$

　　　　　　　　　　　　_____

(3) $HCl + NH_3 \longrightarrow \underline{NH_4Cl}$

　　　　　　　　　　　　_____

(4) $HCl + NaOH \longrightarrow \underline{NaCl} + H_2O$

　　　　　　　　　　　　_____

(5) $CH_3COOH + NaOH \longrightarrow \underline{CH_3COONa} + H_2O$

　　　　　　　　　　　　_____

**5** 塩　次の各塩が中和で生じたものとしたとき，もとの酸と塩基の化学式を記せ。

(1) NaCl

　酸 _____　　塩基 _____

(2) $CH_3COONa$

　酸 _____　　塩基 _____

(3) $CaCl_2$

　酸 _____　　塩基 _____

(4) $(NH_4)_2SO_4$

　酸 _____　　塩基 _____

# 5 中和の量的関係（1）

---

### 学習のポイント

**中和の量的関係**

酸から生じる $H^+$ の物質量〔mol〕 ＝ 塩基から生じる $OH^-$ の物質量〔mol〕

ある酸の価数を $a$，その物質量を $n$〔mol〕，ある塩基の価数を $a'$，その物質量を $n'$〔mol〕とすると，

$$a \times n \text{〔mol〕} = a' \times n' \text{〔mol〕}$$

---

**1 中和の量的関係**　次の各問いに答えよ。

(1) 2.0mol の塩化水素 HCl を中和するのに必要な水酸化ナトリウム NaOH は何 mol か。

**解き方**　塩化水素 HCl は（ア　　　　）価の酸，水酸化ナトリウム NaOH は（イ　　　　）価の塩基である。必要な NaOH の物質量を $x$〔mol〕とすると，

$$\underset{\text{酸から生じる } H^+ \text{の物質量}}{(\text{ウ}\quad) \times (\text{エ}\quad) \text{mol}} = \underset{\text{塩基から生じる } OH^- \text{の物質量}}{(\text{オ}\quad) \times x\text{〔mol〕}} \qquad x = (\text{カ}\quad) \text{mol}$$

(2) 1.0mol の水酸化カリウム KOH を中和するのに必要な硫酸 $H_2SO_4$ は何 mol か。

(3) 0.40mol のリン酸 $H_3PO_4$ を中和するのに必要な水酸化カリウム KOH は何 mol か。

(4) 0.20mol のアンモニア $NH_3$ を中和するために必要な硫酸 $H_2SO_4$ は何 mol か。

**2 中和の量的関係**　次の各問いに答えよ。

(1) 4.0g の水酸化ナトリウム NaOH（式量 40）を中和するのに必要な塩化水素 HCl は何 mol か。

**解き方**　水酸化ナトリウム NaOH のモル質量は，式量から（ア　　　　）g/mol であるので，物質量は，

$$\frac{(\text{イ}\quad) \text{g}}{(\text{ウ}\quad) \text{g/mol}} = (\text{エ}\quad) \text{mol}$$

塩化水素 HCl は（オ　　　　）価の酸，水酸化ナトリウム NaOH は（カ　　　　）価の塩基なので，必要な HCl の物質量を $x$〔mol〕とすると，

$$\underset{\text{酸から生じる } H^+ \text{の物質量}}{(\text{キ}\quad) \times x\text{〔mol〕}} = \underset{\text{塩基から生じる } OH^- \text{の物質量}}{(\text{ク}\quad) \times (\text{ケ}\quad) \text{mol}} \qquad x = (\text{コ}\quad) \text{mol}$$

(2) 0.80 g の水酸化ナトリウム NaOH(式量 40)を中和するのに必要な酢酸 $CH_3COOH$ は何 mol か。

(3) 0.98 g の硫酸 $H_2SO_4$(分子量 98)を中和するために必要な水酸化カリウム KOH は何 mol か。

(4) 1.0 mol/L の希硫酸 20 mL を中和するために必要な水酸化ナトリウム NaOH(式量 40)は何 g か。

**解き方** 　1000 mL＝1 L から，20 mL＝$\left(\overset{ア}{\phantom{xxxxx}}\right)$ L である。希硫酸中の硫酸 $H_2SO_4$ の物質量は，

$\left(\overset{イ}{\phantom{xxxx}}\right)$ mol/L $\times \left(\overset{ウ}{\phantom{xxxx}}\right)$ L ＝$\left(\overset{エ}{\phantom{xxx}}\right)$ mol

硫酸 $H_2SO_4$ は($\overset{オ}{\phantom{xx}}$)価の酸，水酸化ナトリウム NaOH は($\overset{カ}{\phantom{xx}}$)価の塩基なので，必要な NaOH の物質量を $x$[mol]とすると，

$$\underbrace{\left(\overset{キ}{\phantom{xx}}\right) \times \left(\overset{ク}{\phantom{xxxx}}\right)\text{mol}}_{\text{酸から生じる H}^+\text{の物質量}} = \underbrace{\left(\overset{ケ}{\phantom{xx}}\right) \times x\text{[mol]}}_{\text{塩基から生じる OH}^-\text{の物質量}} \qquad x = \left(\overset{コ}{\phantom{xxxx}}\right)\text{mol}$$

したがって，必要な水酸化ナトリウムの質量は，$\left(\overset{サ}{\phantom{xxx}}\right)$ g/mol $\times \left(\overset{シ}{\phantom{xxx}}\right)$ mol ＝$\left(\overset{ス}{\phantom{xxx}}\right)$ g

(5) 0.10 mol/L の希硫酸 40 mL を中和するのに必要な水酸化ナトリウム NaOH(式量 40)は何 g か。

(6) 0.10 mol/L の水酸化ナトリウム NaOH 水溶液 10 mL を中和するのに必要な酢酸 $CH_3COOH$(分子量 60)は何 g か。

(7) 0℃，$1.013 \times 10^5$ Pa で 11.2 L のアンモニア $NH_3$ を中和するのに必要な硫酸 $H_2SO_4$ は何 mol か。

(8) 0.20 mol/L の塩酸 100 mL を中和するために必要なアンモニア $NH_3$ の体積は 0℃，$1.013 \times 10^5$ Pa において何 L か。

**11**

## 学習のポイント

**中和の量的関係**

酸から生じる $H^+$ の物質量〔mol〕 ＝ 塩基から生じる $OH^-$ の物質量〔mol〕

モル濃度〔mol/L〕×体積〔L〕＝物質量〔mol〕なので，次式が成り立つ。

$$a \times c \text{〔mol/L〕} \times V \text{〔L〕} = a' \times c' \text{〔mol/L〕} \times V' \text{〔L〕}$$

$\begin{cases} a,\ a' & \text{…酸または塩基の価数} \\ c,\ c' & \text{…酸または塩基のモル濃度〔mol/L〕} \\ V,\ V' & \text{…酸または塩基の体積〔L〕} \end{cases}$

---

**1** **中和の量的関係**　次の各問いに答えよ。

(1) 0.10 mol/L の塩酸 100 mL を中和するのに必要な 0.20 mol/L の水酸化カルシウム $Ca(OH)_2$ 水溶液は何 mL か。

**解き方**　水溶液どうしの中和の量的関係の問題では，次の式を利用する。

$$a \times c \text{〔mol/L〕} \times V \text{〔L〕} = a' \times c' \text{〔mol/L〕} \times V' \text{〔L〕}$$

（$a,\ a'$…価数　$c,\ c'$…モル濃度〔mol/L〕　$V,\ V'$…体積〔L〕）

塩酸中の塩化水素 HCl は（ア　　　）価の酸であり，水酸化カルシウム $Ca(OH)_2$ は（イ　　　）価の塩基である。必要な水酸化カルシウム $Ca(OH)_2$ 水溶液の体積を $V'$〔L〕とすると，

$$\underbrace{（^\text{ウ}　　）\times（^\text{エ}　　）\text{mol/L} \times \left(^\text{オ}　　　\right)\text{L}}_{\text{酸から生じる }H^+\text{の物質量}} = \underbrace{（^\text{カ}　　）\times（^\text{キ}　　）\text{mol/L} \times V'\text{〔L〕}}_{\text{塩基から生じる }OH^-\text{の物質量}}$$

$$V' = \left(^\text{ク}　　　\right)\text{L}$$

したがって，（ケ　　　）mL となる。

(2) 0.10 mol/L の塩酸 50 mL を中和するのに，0.20 mol/L の水酸化ナトリウム NaOH 水溶液は何 mL 必要か。

(3) 0.20 mol/L の硫酸 $H_2SO_4$ 水溶液 10 mL を中和するのに，0.10 mol/L の水酸化バリウム $Ba(OH)_2$ 水溶液は何 mL 必要か。

(4) 0.10 mol/L の水酸化ナトリウム NaOH 水溶液 1.0 L を中和するのに，2.0 mol/L の硫酸 $H_2SO_4$ 水溶液は何 mL 必要か。

**2 中和の量的関係**　次の各問いに答えよ。

(1) 濃度のわからない酢酸 $CH_3COOH$ 水溶液 50 mL を中和するのに，0.20 mol/L の水酸化カルシウム $Ca(OH)_2$ 水溶液は 25 mL 必要であった。このときの酢酸 $CH_3COOH$ 水溶液は何 mol/L か。

**解き方**　酢酸 $CH_3COOH$ は（ア　　　）価の酸であり，水酸化カルシウム $Ca(OH)_2$ は（イ　　　）価の塩基である。酢酸 $CH_3COOH$ 水溶液 50 mL のモル濃度を $c$ [mol/L] とすると，

$$\underbrace{(\text{ウ}\quad) \times c\,[\text{mol/L}] \times \left(\text{エ}\quad\right)\text{L}}_{\text{酸から生じる H}^+\text{の物質量}} = \underbrace{(\text{オ}\quad) \times (\text{カ}\quad)\,\text{mol/L} \times \left(\text{キ}\quad\right)\text{L}}_{\text{塩基から生じる OH}^-\text{の物質量}}$$

したがって，$c = （\text{ク}\quad）$ mol/L となる。

(2) 濃度のわからない酢酸 $CH_3COOH$ 水溶液 20 mL を中和するのに，0.10 mol/L の水酸化ナトリウム $NaOH$ 水溶液が 10 mL 必要であった。このときの酢酸 $CH_3COOH$ 水溶液は何 mol/L か。

(3) 濃度のわからないアンモニア $NH_3$ 水 50 mL を中和するのに，0.050 mol/L の硫酸 $H_2SO_4$ 水溶液が 10 mL 必要であった。このときのアンモニア $NH_3$ 水は何 mol/L か。

(4) ある酸 X の水溶液のモル濃度は 0.10 mol/L である。この水溶液 20 mL を 0.10 mol/L の水酸化ナトリウム $NaOH$ 水溶液で中和しようとすると，40 mL 必要であった。このとき，X の価数を求めよ。

(5) ある塩基 Y の水溶液のモル濃度は 0.25 mol/L である。この水溶液 40 mL を 0.10 mol/L のシュウ酸 $(COOH)_2$ 水溶液で中和しようとすると 100 mL 必要であった。このとき，Y の価数を求めよ。

## 学習のポイント

①**中和滴定**　濃度が正確にわかっている酸または塩基の溶液（**標準溶液**）を用いて，濃度のわからない塩基または酸の水溶液の濃度を求める実験操作。

| 実験器具名 | 使用方法 | 洗浄方法 |
|---|---|---|
| メスフラスコ | 一定濃度の水溶液を調製する | 蒸留水でぬれたものをそのまま使用できる |
| ホールピペット | 一定体積の水溶液を測り取る | 中に入れる溶液ですすいだ後に用いる（**共洗い**） |
| ビュレット | 滴定に要する水溶液の体積を測る | |
| コニカルビーカー | 中和したい溶液を入れる | 蒸留水でぬれたものをそのまま使用できる |

②**中和滴定の実験操作**

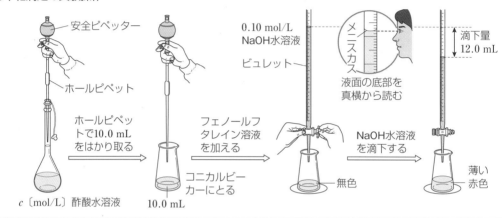

1 **中和滴定の器具**　次の器具 A～D について，次の各問いに答えよ。

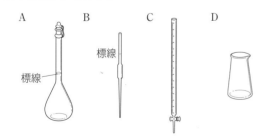

(1) 器具 A～D の名称を記せ。

A
_____

B
_____

C
_____

D
_____

(2) 器具 A～D のうち，使用する溶液での共洗いを必要とするものをすべて選び，記号で答えよ。

_____

(3) 器具 A～D のうち，純水で内部がぬれたまま使用してよい器具をすべて選び，記号で答えよ。

_____

(4) 器具 C の目盛りを読む視線として正しいものを，図の (a)～(c) より１つ選べ。

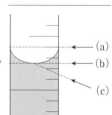

_____

**2** **中和滴定実験** 次の文中の（　　　）にあてはまる語句や数値を記入せよ。

　中和滴定とは，濃度が正確にわかっている酸または塩基の（$^{ア}$　　　　　　　）を用いて，濃度のわからない塩基や酸の水溶液の濃度を求める操作のことである。

　例えば，濃度のわからない酢酸 $CH_3COOH$ 水溶液の濃度を，$0.10\,mol/L$ 水酸化ナトリウム $NaOH$ 水溶液の滴定で求める場合を考えてみよう。

　まず，濃度のわからない酢酸水溶液を（$^{イ}$　　　　　　　）を用いて $10.0\,mL\left(=\left(^{ウ}\qquad\right)L\right)$ 測りとり，

（$^{エ}$　　　　　　　　）へ移す。その後，水溶液の pH を調べる指示薬としてフェノールフタレインを加え，

（$^{オ}$　　　　　　　　）に入れた $0.10\,mol/L$ の水酸化ナトリウム水溶液を滴下して滴定量を求める。中和点（酸と塩基が過不足なく中和する点）では，フェノールフタレインが薄い赤色に変化するため，色が変化した点を中和点とし，そのときに滴下した量を滴下量とする。

　この実験による滴下量が $12.0\,mL\left(=\left(^{カ}\qquad\right)L\right)$ であったとき，酢酸は（$^{キ}$　　　）価の酸，水酸化ナトリウムは（$^{ク}$　　　　）価の塩基であるから，酢酸水溶液のモル濃度を $c\,[mol/L]$ とすると，

$$\underbrace{\left(^{ケ}\qquad\right)\times c\,[mol/L]\times\left(^{コ}\qquad\right)L}_{\text{酸から生じる }H^+\text{の物質量}} = \underbrace{\left(^{サ}\qquad\right)\times\left(^{シ}\qquad\right)mol/L\times\left(^{ス}\qquad\right)L}_{\text{塩基から生じる }OH^-\text{の物質量}}$$

したがって，$c=(^{セ}\qquad)mol/L$ となる。

**3** **中和滴定** 次の各問いに答えよ。

(1) 濃度のわからない酢酸 $CH_3COOH$ 水溶液 $10\,mL$ を $0.10\,mol/L$ の水酸化ナトリウム $NaOH$ 水溶液で滴定したところ，中和点まで $5.0\,mL$ を要した。このときの酢酸 $CH_3COOH$ 水溶液は何 $mol/L$ か。

_____

(2) $0.10\,mol/L$ のシュウ酸 $(COOH)_2$ 水溶液 $10\,mL$ を濃度のわからない水酸化ナトリウム $NaOH$ 水溶液で滴定したところ，中和点まで $8.0\,mL$ を要した。このときの水酸化ナトリウム $NaOH$ 水溶液は何 $mol/L$ か。

_____

(3) 濃度のわからない硫酸 $H_2SO_4$ 水溶液 $20\,mL$ を $0.20\,mol/L$ のアンモニア $NH_3$ 水で滴定したところ，中和点まで $10\,mL$ を要した。このときの硫酸 $H_2SO_4$ 水溶液は何 $mol/L$ か。

_____

---

### 学習のポイント

**①中和滴定曲線**　中和滴定において加えた酸または塩基の体積と混合溶液の pH の関係を表す曲線。

**② pH 指示薬**　水溶液の pH に応じて特有の色調を示す物質。それぞれ特有の pH の範囲(**変色域**)で変色する。

| 指示薬　　　　　　pH | 1 | 2 | 3 | 4 | 5 | 6 | 7 | 8 | 9 | 10 | 11 |
|---|---|---|---|---|---|---|---|---|---|---|---|
| メチルオレンジ | | 3.1赤 | | 黄 4.4 | | | | | | | |
| フェノールフタレイン | | | | | | | | 8.0無 | | 赤 9.8 | |

**③中和滴定における指示薬の選択**

中和点付近の中和滴定曲線の垂直部分が指示薬の変色域に含まれることが条件。

| 強酸と強塩基 | 弱酸と強塩基 | 強酸と弱塩基 | 弱酸と弱塩基 |
|---|---|---|---|
| HCl＋NaOH | CH₃COOH＋NaOH | HCl＋NH₃ | CH₃COOH＋NH₃ |

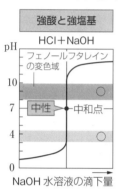
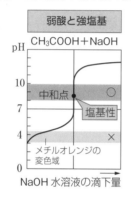
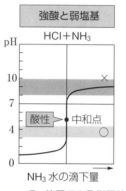
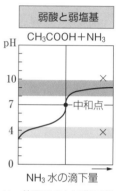

○：使用できる指示薬　　×：使用できない指示薬

※中和点における水溶液の pH は，生じる塩の性質によって決まる(必ずしも 7 ではない)。

---

**1** **pH と指示薬**　それぞれの指示薬が示す色を表に記入せよ。

| 指示薬 | 変色域 | 酸性(pH 2) | 中性(pH 7) | 塩基性(pH 10) |
|---|---|---|---|---|
| メチルオレンジ | 3.1〜4.4 | ① | 黄色 | ② |
| フェノールフタレイン | 8.0〜9.8 | 無色 | ③ | ④ |

**2** **指示薬の色**　次の水溶液にメチルオレンジ，またはフェノールフタレインを加えたときの色をそれぞれ記せ。

(1) 食酢(pH 2.7)

　　　　　　　メチルオレンジ…＿＿＿＿＿＿　　　　　フェノールフタレイン…＿＿＿＿＿＿

(2) セッケン水(pH 10)

　　　　　　　メチルオレンジ…＿＿＿＿＿＿　　　　　フェノールフタレイン…＿＿＿＿＿＿

**3** **中和滴定曲線**　次の A〜C の中和滴定について，各問いに答えよ。

A　塩酸に水酸化ナトリウム NaOH 水溶液を滴下する。

B　酢酸 CH₃COOH 水溶液に水酸化ナトリウム NaOH 水溶液を滴下する。

C　アンモニア NH₃ 水に塩酸を滴下する。

(1) A〜C で生じる塩の化学式を記せ。　　A　　　　　　　B　　　　　　　C

　　　　　　　＿＿＿＿＿＿＿＿＿＿＿＿＿＿＿＿＿＿＿＿＿＿＿＿＿＿＿

(2) A〜C の中和滴定曲線としてあてはまるものを，（ア）〜（エ）からそれぞれ選べ。

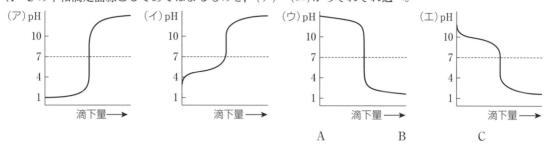

A ＿＿＿＿＿＿　B ＿＿＿＿＿＿　C ＿＿＿＿＿＿

(3) A〜C の中和滴定で用いる指示薬の説明としてあてはまるものを，（ア）〜（ウ）からそれぞれ選べ。

（ア）　メチルオレンジとフェノールフタレインのどちらを使用してもよい。

（イ）　フェノールフタレインは使用できるが，メチルオレンジは使用できない。

（ウ）　メチルオレンジは使用できるが，フェノールフタレインは使用できない。

A ＿＿＿＿＿＿　B ＿＿＿＿＿＿　C ＿＿＿＿＿＿

**4 中和滴定**　シュウ酸二水和物 $(COOH)_2 \cdot 2H_2O$（式量 126）を正確に 2.52 g はかり取り，a 水を加えて 500 mL のシュウ酸標準溶液とした。この b シュウ酸標準溶液 10.0 mL をはかり取ってコニカルビーカーに移し，指示薬 X を加えたのち，c 濃度のわからない水酸化ナトリウム NaOH 水溶液で滴定したところ，中和点までに 16.0 mL を要した。

(1) 下線部 a〜c で用いた実験器具を次の中から選べ。

ビュレット　ホールピペット　メスフラスコ

a ＿＿＿＿＿＿　b ＿＿＿＿＿＿　c ＿＿＿＿＿＿

(2) この中和滴定の中和滴定曲線として正しいものは(ア)〜(エ)のいずれか記号で答えよ。

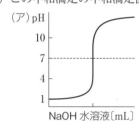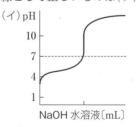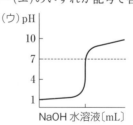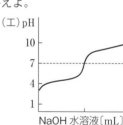

＿＿＿＿＿＿

(3) 指示薬 X は，メチルオレンジとフェノールフタレインのいずれか。

＿＿＿＿＿＿

(4) シュウ酸標準溶液は何 mol/L か。

＿＿＿＿＿＿

(5) 水酸化ナトリウム水溶液は何 mol/L か。

＿＿＿＿＿＿

---

### 学習のポイント

**①酸化と還元の定義**　酸化と還元は必ず同時に起こる。

|  | 酸素原子 O | 水素原子 H | 電子 $e^-$ | 酸化数 |
|---|---|---|---|---|
| **酸化**(される) | 受け取る | 失う | 失う | 増加 |
| **還元**(される) | 失う | 受け取る | 受け取る | 減少 |

**②酸化数**　原子やイオンの酸化の程度を示す数値。

&lt;酸化数の取り決め方&gt;

(a)　単体中の原子の酸化数は **0**。単原子イオンの酸化数は電荷に等しい。

(b)　化合物中の水素原子 H の酸化数は **+1**，酸素原子 O の酸化数は **−2**（$H_2O_2$ では−1）とする。

(c)　化合物中の原子の酸化数の総和は **0**。（アルカリ金属の原子の酸化数は +1，アルカリ土類金属の酸化数は +2 である。）

(d)　多原子イオン中の各原子の酸化数の総和は，多原子イオンの電荷に等しい。

&lt;酸化数の求め方&gt;

（例）$H_2SO_4$ 中の S

$$\underset{+1}{H_2}\ \underset{x}{S}\ \underset{-2}{O_4}$$

$$(+1)\times2+x+(-2)\times4=0$$
$$x=+6$$

---

**1** **酸化還元の定義**　次の文中の（　）にあてはまる語句を記せ。

　一般に物質が酸素原子 O を受け取ったとき，その物質は（ア　　　　）されたといい，酸素原子を失ったとき，その物質は（イ　　　　）されたという。

　また，物質が水素原子 H を受け取ったとき，その物質は（ウ　　　　）されたといい，失ったときには（エ　　　　）されたという。

　さらに，物質が電子 $e^-$ を受け取ったとき，その物質は（オ　　　　）されたといい，失ったときには（カ　　　　）されたという。

　物質中の原子が酸化された場合，その原子の酸化数は（キ　　　　）し，還元された場合はその原子の酸化数は（ク　　　　）する。

**2** **酸化数**　次の下線を引いた原子の酸化数を求めよ。

(1)　$\underline{Al}$

(2)　$\underline{O}_2$

(3)　$\underline{Ca}^{2+}$

(4)　$\underline{Cl}^-$

(5)　$H_2\underline{O}$

(6)　$H_2\underline{S}$

(7)　$\underline{S}O_2$

(8)　$\underline{N}H_3$

(9)　$H_2\underline{O}_2$

(10)　$K\underline{Mn}O_4$

(11)　$K_2\underline{Cr}_2O_7$

(12)　$Ca\underline{Cl}_2$

(13)　$H\underline{Cl}O$

(14)　$K\underline{I}$

(15)　$\underline{N}H_4{}^+$

(16)　$\underline{N}O_3{}^-$

(17)　$\underline{S}_2O_3{}^{2-}$

**3 酸化数と酸化還元** 次の各反応について，（　）内に下線部の原子の酸化数を記入し，〔　〕に「酸化」「還元」のいずれかを記せ。

(1)
　　　　┌──〔　　　　〕された──────┐
　　2C<u>u</u>O　＋　<u>C</u>　──→　2C<u>u</u>　＋　<u>C</u>O₂
　　（　　）　　（　）　　　（　）　　（　）
　　　　　　　└─〔　　　　　〕された──────┘

(2)
　　　　┌──〔　　　　〕された──────┐
　　2<u>Na</u>　＋　2<u>H</u>₂O　──→　2<u>Na</u>OH　＋　<u>H</u>₂
　　（　　）　　（　　）　　　（　　）　　（　　）
　　　　　　　└──────〔　　　〕された──────┘

(3)
　　　　┌──────〔　　　　〕された──────┐
　　2K<u>I</u>　＋　<u>Cl</u>₂　──→　2K<u>Cl</u>　＋　<u>I</u>₂
　　（　　）　（　　）　　（　　）　　（　　）
　　　　　└─〔　　　〕された─┘

(4)
　　　　┌──〔　　　　〕された──────┐
　　2<u>Al</u>　＋　<u>Fe</u>₂O₃　──→　<u>Al</u>₂O₃　＋　2<u>Fe</u>
　　（　　）　（　　）　　　（　　）　　（　　）
　　　　　　└──────〔　　　〕された──────┘

(5)
　　　　┌──〔　　　　〕された──────┐
　　<u>S</u>O₂　＋　2H₂<u>S</u>　──→　3<u>S</u>　＋　2H₂O
　　（　　）　　（　　）　　（　　）
　　　　　　└─〔　　　〕された─┘

(6)
　　　　┌──〔　　　　〕された──────┐
　　<u>S</u>O₂　＋　H₂<u>O</u>₂　──→　H₂<u>S</u>O₄
　　（　　）　　（　　）　　（　　）（　　）
　　　　　　└─〔　　　〕された──┘

**4 酸化還元反応** 次の各化学反応式中で，酸化された物質と還元された物質の化学式を記せ。

(1) $2Cu + O_2 \longrightarrow 2CuO$

酸化された＿＿＿＿＿＿　還元された＿＿＿＿＿＿

(2) $2CuO + H_2 \longrightarrow 2Cu + H_2O$

酸化された＿＿＿＿＿＿　還元された＿＿＿＿＿＿

(3) $Cl_2 + H_2S \longrightarrow 2HCl + S$

酸化された＿＿＿＿＿＿　還元された＿＿＿＿＿＿

(4) $Zn + 2H_2SO_4 \longrightarrow ZnSO_4 + H_2$

酸化された＿＿＿＿＿＿　還元された＿＿＿＿＿＿

(5) $2KI + H_2SO_4 + H_2O_2 \longrightarrow K_2SO_4 + I_2 + 2H_2O$

酸化された＿＿＿＿＿＿　還元された＿＿＿＿＿＿

(6) $Cu + 4HNO_3 \longrightarrow Cu(NO_3)_2 + 2H_2O + 2NO_2$

酸化された＿＿＿＿＿＿　還元された＿＿＿＿＿＿

**19**

## 学習のポイント

**①酸化剤・還元剤**

**酸化剤**…相手の物質を酸化する物質（自身は還元される）。

**還元剤**…相手の物質を還元する物質（自身は酸化される）。

半反応式…酸化剤または還元剤のはたらきを示した反応式。

**②半反応式のつくり方**

（ア）　左辺に反応前，右辺に反応後の物質やイオンを書く。

（イ）　**酸化数**の変化を調べ，その増減分だけ $e^-$ を加える。

（ウ）　両辺の**電荷**の合計が等しくなるよう，$H^+$で調整する。

（エ）　両辺の原子数が同じになるようにする（一般には，$H_2O$ で合わせる）。

| 酸化剤 | ←$e^-$— | 還元剤 |

相手を酸化する（自身は還元される）　　相手を還元する（自身は酸化される）

酸化数減少　　酸化数増加

---

**1 酸化剤・還元剤**　次の文中の（　）にあてはまる語句を記せ。

酸化剤とは，相手の物質を（ア　　　）する物質，すなわち自身は（イ　　　）される物質である。また還元剤とは，相手の物質を（ウ　　　）する物質，すなわち自身は（エ　　　）される物質のことである。

例えば，次の化学反応式について考えてみよう。

$$2K+2H_2O \longrightarrow 2KOH+H_2$$

反応式中の酸化数の変化に着目すると，K の酸化数は，$0 \rightarrow$（オ　　　）に変化しており，（カ　　　）されている。それと同時に $H_2O$ 中の H の酸化数は，$+1 \rightarrow$（キ　　　）に変化しており（ク　　　）されている。したがって，このとき $H_2O$ は（ケ　　　）剤であり，K は（コ　　　）剤である。

**2 酸化剤・還元剤**　次の各化学反応式中の下線を引いた物質が，酸化剤のときは酸化剤，還元剤のときは還元剤，どちらでもないときは×を記せ。

(1) $2\underline{Na}+2H_2O \longrightarrow 2NaOH+H_2$

_____

(2) $\underline{Mg}+2HCl \longrightarrow MgCl_2+H_2$

_____

(3) $\underline{HCl}+NaOH \longrightarrow NaCl+H_2O$

_____

(4) $\underline{Cl_2}+2KBr \longrightarrow 2KCl+Br_2$

_____

(5) $\underline{H_2O_2}+2KI+H_2SO_4 \longrightarrow 2H_2O+I_2+K_2SO_4$

_____

(6) $\underline{H_2O_2}+SO_2 \longrightarrow H_2SO_4$

_____

(7) $\underline{SO_2}+2H_2S \longrightarrow 3S+2H_2O$

_____

(8) $MnO_2+4\underline{HCl} \longrightarrow MnCl_2+2H_2O+Cl_2$

_____

(9) $3Cu+8\underline{HNO_3} \longrightarrow 3Cu(NO_3)_2+4H_2O+2NO$

_____

**3** 酸化剤・還元剤の半反応式のつくり方　次の各物質が，酸化剤もしくは還元剤としてはたらくときの反応式を完成させよ。

(1) 過マンガン酸イオン $MnO_4^-$　（酸化剤としてはたらき，$Mn^{2+}$ となる）

**解き方**　酸化剤・還元剤が何に変化するかがわかれば，反応式をつくることができる。

① 酸化数の変化した原子を含む物質を書き出す。

$$MnO_4^- \longrightarrow Mn^{2+}$$

② 酸化数の変化を調べて，$e^-$ を加える。Mn の酸化数は($^{ア}$　　　　)→($^{イ}$　　　　)へと変化している。酸化数の増減分を $e^-$ で調整するので，左辺に $e^-$ を($^{ウ}$　　　　)個加える。

$$MnO_4^- + (^{エ}\qquad) \, e^- \longrightarrow Mn^{2+}$$

③ 両辺の電荷の合計が等しくなるように，$H^+$ を加える。左辺の電荷の合計は($^{オ}$　　　　)，右辺は($^{カ}$　　　　)である。両辺の電荷が等しくなるよう，左辺に $H^+$ を($^{キ}$　　　　)個加える。

$$MnO_4^- + (^{ク}\qquad) \, H^+ + (^{ケ}\qquad) \, e^- \longrightarrow Mn^{2+}$$

④ 両辺の原子数が等しくなるように，$H_2O$ を加える。両辺の原子数を確認すると，H と O が右辺に不足しているので，$H_2O$ を右辺に($^{コ}$　　　　)個加える。

したがって，この反応式は次のようになる。

($^{サ}$

　　　　　　　　　　　　　　　　　　　　　　　　　　　　　　　　　　　　　　　　　　)

(2) 硫化水素 $H_2S$　（還元剤としてはたらき，S となる）

(3) 二酸化硫黄 $SO_2$　（還元剤としてはたらき，$SO_4^{2-}$ となる）

(4) 二クロム酸イオン $Cr_2O_7^{2-}$　（酸化剤としてはたらき，$Cr^{3+}$ となる）

(5) 二酸化硫黄 $SO_2$　（酸化剤としてはたらき，S となる）

(6) 過酸化水素 $H_2O_2$　（還元剤としてはたらき，$O_2$ となる）

---

> ┤ 学習のポイント ├

**酸化還元反応の化学反応式のつくり方**

（ア）　酸化剤と還元剤の半反応式を示す。

（イ）　酸化剤が受け取る $e^-$ と還元剤が失う $e^-$ の数を等しくして，$e^-$ を消去する。

　※イオン反応式（イオンを含む反応式）で示す場合は，（イ）まで行う。

（ウ）　左辺の反応物に注目して，省略されていたイオンを両辺に加える。

（エ）　右辺の生成物を整える。

---

**1 酸化還元反応の反応式**　次の各酸化還元反応におけるイオン反応式を完成させよ。

(1) 硫酸酸性の過マンガン酸カリウム $KMnO_4$ と過酸化水素 $H_2O_2$ の反応

　　　酸化剤　$MnO_4^- + 8H^+ + 5e^- \longrightarrow Mn^{2+} + 4H_2O$　…（a）

　　　還元剤　$H_2O_2 \longrightarrow O_2 + 2H^+ + 2e^-$　　　　…（b）

> **解き方**　酸化剤の $KMnO_4$ が受け取る電子の数と，還元剤の $H_2O_2$ が失う電子の数を等しくする。
>
> （a）式を2倍，（b）式を5倍したのち，足し合わせ，電子 $e^-$ を消去する。

　　　（a）式×2…（ア　　　　　　　　　　　　　　　　　　　　　　　）

　　　（b）式×5…（イ　　　　　　　　　　　　　　　　　　　　　　　）

　　＋）

　　　　　　　　（ウ　　　　　　　　　　　　　　　　　　　　　　　）

(2) 硫酸酸性の過酸化水素 $H_2O_2$ とヨウ化カリウム $KI$ 水溶液の反応

　　　酸化剤　$H_2O_2 + 2H^+ + 2e^- \longrightarrow 2H_2O$

　　　還元剤　$2I^- \longrightarrow I_2 + 2e^-$

(3) 硫酸酸性の過マンガン酸カリウム $KMnO_4$ 水溶液と二酸化硫黄 $SO_2$ の反応

　　　酸化剤　$MnO_4^- + 8H^+ + 5e^- \longrightarrow Mn^{2+} + 4H_2O$

　　　還元剤　$SO_2 + 2H_2O \longrightarrow SO_4^{2-} + 4H^+ + 2e^-$

(4) 硫酸酸性の二クロム酸カリウム $K_2Cr_2O_7$ 水溶液と二酸化硫黄 $SO_2$ の反応

　　　酸化剤　$Cr_2O_7^{2-} + 14H^+ + 6e^- \longrightarrow 2Cr^{3+} + 7H_2O$

　　　還元剤　$SO_2 + 2H_2O \longrightarrow SO_4^{2-} + 4H^+ + 2e^-$

(5) 硫酸酸性の過マンガン酸カリウム $KMnO_4$ 水溶液とシュウ酸 $(COOH)_2$ の反応

  酸化剤 $MnO_4^- + 8H^+ + 5e^- \longrightarrow Mn^{2+} + 4H_2O$

  還元剤 $(COOH)_2 \longrightarrow 2CO_2 + 2H^+ + 2e^-$


(6) 硫酸酸性の過マンガン酸カリウム $KMnO_4$ 水溶液と硫化水素 $H_2S$ の反応

  酸化剤 $MnO_4^- + 8H^+ + 5e^- \longrightarrow Mn^{2+} + 4H_2O$

  還元剤 $H_2S \longrightarrow S + 2H^+ + 2e^-$


**2 酸化還元反応の反応式** 次の各酸化還元反応における化学反応式を完成させよ。

(1) 硫酸酸性の過マンガン酸カリウム $KMnO_4$ と過酸化水素 $H_2O_2$ の反応

  酸化剤 $MnO_4^- + 8H^+ + 5e^- \longrightarrow Mn^{2+} + 4H_2O$

  還元剤 $H_2O_2 \longrightarrow O_2 + 2H^+ + 2e^-$

**解き方** ① 酸化剤と還元剤のイオン反応式を **1** のように作成する。$KMnO_4$ と $H_2O_2$ のイオン反応式は次のようになる。

（ァ

                       ）

② 省略されていたイオンを両辺に加える。$2MnO_4^-$ は $2KMnO_4$ から，$6H^+$ は $3H_2SO_4$ から生じるイオンなので，両辺に $2K^+$ と $3SO_4^{2-}$ を加え，両辺を整える。

したがって，$KMnO_4$ と $H_2O_2$ の化学反応式は次のようになる。

（ィ

                       ）


(2) 硫酸酸性の二クロム酸カリウム $K_2Cr_2O_7$ 水溶液とヨウ化カリウム $KI$ 水溶液の反応

  酸化剤 $Cr_2O_7^{2-} + 14H^+ + 6e^- \longrightarrow 2Cr^{3+} + 7H_2O$

  還元剤 $2I^- \longrightarrow I_2 + 2e^-$


(3) 二酸化硫黄 $SO_2$ と硫化水素 $H_2S$ の反応

  酸化剤 $SO_2 + 4H^+ + 4e^- \longrightarrow S + 2H_2O$

  還元剤 $H_2S \longrightarrow S + 2H^+ + 2e^-$

## 学習のポイント

①**酸化還元反応の量的関係**　酸化還元反応では酸化剤と還元剤で授受される電子の物質量が等しいとき，酸化剤と還元剤が過不足なく反応する。

　**酸化剤が受け取る $e^-$ の物質量（mol）＝還元剤が失う $e^-$ の物質量（mol）**

②**酸化還元滴定**　濃度のわからない酸化剤または還元剤の水溶液を，濃度のわかっている還元剤または酸化剤の水溶液を用いて完全に反応させ，その濃度を決定する実験操作。

※滴定の終点…酸化剤（還元剤）または指示薬の色の変化で知ることができる。

（例）過酸化水素水やシュウ酸水溶液を $KMnO_4$ 水溶液で滴定 ⇒ $KMnO_4$ 水溶液の**赤紫色**が消えなくなるとき。

**1 酸化還元の量的関係**　次の各問いに答えよ。

(1) 0.10 mol の過マンガン酸カリウム $KMnO_4$ と過不足なく反応するシュウ酸 $(COOH)_2$ は何 mol か。

**解き方**　過マンガン酸カリウム $KMnO_4$ とシュウ酸 $(COOH)_2$ の半反応式は，次のように表される。

$$MnO_4^- + 8H^+ + 5e^- \longrightarrow Mn^{2+} + 4H_2O$$

$$(COOH)_2 \longrightarrow 2CO_2 + 2H^+ + 2e^-$$

各反応式から，1 mol の $MnO_4^-$ が（ア　　　）mol の $e^-$ を受け取り，1 mol の $(COOH)_2$ が（イ　　　）mol の $e^-$ を失うことがわかる。$KMnO_4$ と $(COOH)_2$ が過不足なく反応したとき，必要なシュウ酸 $(COOH)_2$ の物質量を $x$[mol]とすると，次のようになる。

$$\underbrace{(^ウ\quad) \times (^エ\quad) \text{mol}}_{\text{酸化剤が受け取る } e^- \text{の物質量}} = \underbrace{(^オ\quad) \times x\text{[mol]}}_{\text{還元剤が失う } e^- \text{の物質量}}$$

したがって，$x =$（カ　　　）mol となる。

(2) 0.20 mol の過マンガン酸カリウム $KMnO_4$ と過不足なく反応するシュウ酸 $(COOH)_2$ は何 mol か。

$$MnO_4^- + 8H^+ + 5e^- \longrightarrow Mn^{2+} + 4H_2O$$

$$(COOH)_2 \longrightarrow 2CO_2 + 2H^+ + 2e^-$$

(3) 0.50 mol のヨウ化カリウム $KI$ と過不足なく反応する過酸化水素 $H_2O_2$ は何 mol か。

$$H_2O_2 + 2H^+ + 2e^- \longrightarrow 2H_2O$$

$$2I^- \longrightarrow I_2 + 2e^-$$

**2 酸化還元の量的関係** 次の各問いに答えよ。

(1) 硫酸酸性の $0.10\,mol/L$ 過マンガン酸カリウム $KMnO_4$ 水溶液 $10\,mL$ と過不足なく反応する $0.50\,mol/L$ の過酸化水素水は何 $mL$ か。

> **解き方** $KMnO_4$ と $H_2O_2$ の半反応式は，次のように表される。
>
> $MnO_4^- + 8H^+ + 5e^- \longrightarrow Mn^{2+} + 4H_2O$
>
> $H_2O_2 \longrightarrow O_2 + 2H^+ + 2e^-$
>
> 各反応式から，$1\,mol$ の $MnO_4^-$ が($^{ア}$　　　)$mol$ の $e^-$ を受け取り，$1\,mol$ の $H_2O_2$ が($^{イ}$　　　)$mol$ の $e^-$ を放出することがわかる。$KMnO_4$ と $H_2O_2$ が過不足なく反応したとき，$MnO_4^-$ が受け取る $e^-$ の物質量と，$H_2O_2$ が失う $e^-$ の物質量が等しくなる。
>
> $0.50\,mol/L$ の過酸化水素水の体積を $V'\,[L]$ とすると，
>
> $$\underbrace{(^{ウ}\quad) \times (^{エ}\qquad)\,mol/L \times \left(^{オ}\qquad\right)L}_{\text{酸化剤が受け取る e}^-\text{の物質量}} = \underbrace{(^{カ}\quad) \times (^{キ}\qquad)\,mol/L \times V'\,[L]}_{\text{還元剤が失う e}^-\text{の物質量}}$$
>
> $$V' = \left(^{ク}\qquad\right)L$$
>
> したがって，($^{ケ}$　　　)$mL$ となる。

(2) 硫酸酸性の $0.20\,mol/L$ 過マンガン酸カリウム $KMnO_4$ 水溶液 $10\,mL$ と過不足なく反応する $0.25\,mol/L$ の過酸化水素水は何 $mL$ か。

$MnO_4^- + 8H^+ + 5e^- \longrightarrow Mn^{2+} + 4H_2O$

$H_2O_2 \longrightarrow O_2 + 2H^+ + 2e^-$

(3) $0.60\,mol$ の二酸化硫黄 $SO_2$ と過不足なく反応する硫酸酸性の $1.0\,mol/L$ 二クロム酸カリウム $K_2Cr_2O_7$ 水溶液は何 $L$ か。

$Cr_2O_7^{2-} + 14H^+ + 6e^- \longrightarrow 2Cr^{3+} + 7H_2O$

$SO_2 + 2H_2O \longrightarrow SO_4^{2-} + 4H^+ + 2e^-$

(4) 硫酸酸性の $0.40\,mol/L$ シュウ酸 $(COOH)_2$ 水溶液 $5.0\,mL$ を濃度のわからない過マンガン酸カリウム $KMnO_4$ 水溶液で滴定したところ，終点まで $10\,mL$ を要した。このときの $KMnO_4$ 水溶液は何 $mol/L$ か。

$MnO_4^- + 8H^+ + 5e^- \longrightarrow Mn^{2+} + 4H_2O$

$(COOH)_2 \longrightarrow 2CO_2 + 2H^+ + 2e^-$

# 13 金属のイオン化傾向

## 学習のポイント

①**金属のイオン化傾向**　単体の金属が水溶液中で**陽イオン**になろうとする性質。

②**金属のイオン化列**　金属の単体をイオン化傾向の大きい順から並べたもの。

| イオン化列 | Li K Ca Na | Mg | Al Zn Fe | Ni Sn Pb (H₂) Cu Hg Ag | Pt Au |
|---|---|---|---|---|---|
| 水との反応 | 常温で反応 | 熱水と反応 | 高温で水蒸気と反応 | 変化しない | |
| 酸との反応 | 塩酸や希硫酸と反応し，水素を発生して溶ける | | | 酸化作用の強い酸に溶ける | 王水に溶ける |
| 乾燥した酸素との反応 | 常温で内部まで酸化される | 高温で燃焼する | 高温で酸化される | | 酸化されない |

**不動態**…濃硝酸に浸すと金属表面にち密な酸化被膜が生じて内部が保護され，反応が進行しなくなる状態。
　　　（不動態となる金属の例）Al，Fe，Ni

---

### 1 金属のイオン化傾向
次の各組み合わせの金属を，イオン化傾向の大きい順に並べよ。

(1) Au, Li, Pb

　　　＿＿＿＿＿ ＞ ＿＿＿＿＿ ＞ ＿＿＿＿＿

(2) Cu, Ag, Ca

　　　＿＿＿＿＿ ＞ ＿＿＿＿＿ ＞ ＿＿＿＿＿

(3) Na, Zn, Al

　　　＿＿＿＿＿ ＞ ＿＿＿＿＿ ＞ ＿＿＿＿＿

(4) Cu, Zn, Sn

　　　＿＿＿＿＿ ＞ ＿＿＿＿＿ ＞ ＿＿＿＿＿

### 2 金属イオンと金属の反応
次の金属イオンを含む水溶液に単体の金属を浸したとき，析出する金属を化学式で答えよ。ただし，析出しない場合は×を記せ。

(1) 硝酸銀水溶液($Ag^+$)と銅 Cu

　　　　　　　　　　　＿＿＿＿＿＿＿＿

(2) 硫酸銅(Ⅱ)水溶液($Cu^{2+}$)とスズ Sn

　　　　　　　　　　　＿＿＿＿＿＿＿＿

(3) 硝酸銀水溶液($Ag^+$)と鉛 Pb

　　　　　　　　　　　＿＿＿＿＿＿＿＿

(4) 硫酸銅(Ⅱ)水溶液($Cu^{2+}$)と銀 Ag

　　　　　　　　　　　＿＿＿＿＿＿＿＿

(5) 硫酸亜鉛水溶液($Zn^{2+}$)と銅 Cu

　　　　　　　　　　　＿＿＿＿＿＿＿＿

### 3 金属の反応性
次の各記述について，あてはまる金属を，選択肢からすべて選べ。

> Au Mg Al Ag Li Cu Pt Na Fe

(1) 常温の水と反応する金属

　　　　　　　　　　　＿＿＿＿＿＿＿＿

(2) 常温の水とは反応しないが，熱水とは反応する金属

　　　　　　　　　　　＿＿＿＿＿＿＿＿

(3) 塩酸と反応する金属

　　　　　　　　　　　＿＿＿＿＿＿＿＿

(4) 塩酸とは反応しないが，硝酸や加熱した濃硫酸と反応する金属

　　　　　　　　　　　＿＿＿＿＿＿＿＿

(5) 王水にのみ溶ける金属

　　　　　　　　　　　＿＿＿＿＿＿＿＿

(6) 濃硝酸に浸すと不動態をつくる金属

　　　　　　　　　　　＿＿＿＿＿＿＿＿

(7) 常温で乾燥した空気により速やかに酸化される金属

　　　　　　　　　　　＿＿＿＿＿＿＿＿

**4 金属の反応** 次の各反応の化学反応式を表せ。

(1) ナトリウム Na と水 $H_2O$ を反応させる。

_____

(2) マグネシウム Mg を塩酸と反応させる。

_____

(3) 亜鉛 Zn と硫酸 $H_2SO_4$ を反応させる。

_____

(4) 銅 Cu と希硝酸を反応させると，一酸化窒素 NO が発生する。

_____

(5) 銅 Cu と濃硝酸を反応させると，二酸化窒素 $NO_2$ が発生する。

_____

(6) 銅 Cu と加熱した濃硫酸を反応させると，二酸化硫黄 $SO_2$ が発生する。

_____

(7) アルミニウム Al は酸化されて，酸化アルミニウム $Al_2O_3$ になる。

_____


**5 金属の反応** 次の各記述について，正しければ○，誤っていれば×を記せ。

(1) 銀 Ag は濃硝酸と反応して，二酸化窒素 $NO_2$ を発生させる。

_____

(2) 亜鉛 Zn は濃硝酸と反応するが，鉄 Fe は濃硝酸とは不動態を作り反応が進行しない。

_____

(3) マグネシウム Mg は熱水と反応して，水素 $H_2$ を発生させる。

_____

(4) 銅 Cu は塩酸と反応して，水素 $H_2$ を発生させる。

_____


**6 金属の推定** 金属 A〜D は，金，銅，マグネシウム，鉄のうちのどれかである。次の(1)〜(3)の記述から，それぞれどの金属であるかを推定し，元素記号で示せ。

(1) A，B は希硫酸に溶けて水素を発生するが，C，D は溶けない。
(2) B は熱水と反応して水素を発生するが，A は反応しない。
(3) C は濃硝酸に溶けて二酸化窒素を発生するが，D は溶けない。

        A                B                C                D

_____    _____    _____    _____

## 学習のポイント

①**電池**　酸化還元反応を利用して化学エネルギーを電気エネルギーに変換する装置。

　　**負極**…電子 $e^-$ を放出する電極。**酸化**反応が起こる。

　　**正極**…電子 $e^-$ を受け取る電極。**還元**反応が起こる。

　　**起電力**…電極間の電位の差(電圧)。

②**ダニエル電池**　亜鉛版を硫酸亜鉛水溶液に浸したものと，銅板を硫酸銅(Ⅱ)水溶液に浸したものを，素焼き板で仕切った構造の電池。

　　$(-)$ Zn | $ZnSO_4$ aq | $CuSO_4$ aq | Cu $(+)$

　　負極の反応：$Zn \longrightarrow Zn^{2+} + 2e^-$　　正極の反応：$Cu^{2+} + 2e^- \longrightarrow Cu$

③**電池の種類**

　　**一次電池**…充電できない電池。　(例)マンガン乾電池，アルカリマンガン乾電池

　　**二次電池**(蓄電池)…充電できる電池。　(例)鉛蓄電池，リチウムイオン電池

　　**燃料電池**…水素などを燃料に用いて電流を取り出す装置。

負極(−)　電子　電流　正極(+)

$e^-$　陽イオン　$e^-$

電子を放出(酸化)　電解質水溶液　電子を受け取る(還元)

**1 電池の原理**　次の文中の(　)にあてはまる語句を記せ。

　酸化還元反応を利用して，化学エネルギーを電気エネルギーに変換する図のような装置を電池という。

　イオン化傾向の異なる2種類の金属板を電解質水溶液に浸し，導線で結ぶと，電流が流れて電池となる。このとき，電子 $e^-$ を放出する電極を($^ア$　　　)極という。2種類の金属のうち，イオン化傾向の($^イ$　　　)い金属が(　ア　)極となる。一方，電子 $e^-$ を受け取る電極を($^ウ$　　　)極という。2種類の金属のうち，イオン化傾向の($^エ$　　　)い金属が(　ウ　)極となる。

　電池の起電力は，2種類の金属のイオン化傾向の差が($^オ$　　　)いほど大きくなることが知られている。

**2 電池の極板**　次の2種類の金属を用いて電池を作成したとき，いずれの金属が負極になるか，その名称を記せ。

(1) 亜鉛 Zn と銅 Cu

――――――――――――

(2) 鉄 Fe と銅 Cu

――――――――――――

(3) 亜鉛 Zn とニッケル Ni

――――――――――――

(4) ニッケル Ni と銅 Cu

――――――――――――

(5) 亜鉛 Zn と銀 Ag

――――――――――――

(6) 銅 Cu と銀 Ag

――――――――――――

**3 ダニエル電池** ダニエル電池は図のように，素焼き板で仕切った容器の片側に硫酸亜鉛 $ZnSO_4$ 水溶液を入れて亜鉛 Zn 板を浸し，もう一方に硫酸銅(Ⅱ) $CuSO_4$ 水溶液を入れて銅 Cu 板を浸したものである。次の各問いに答えよ。

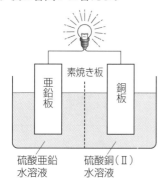

(1) この電池の負極と正極は何か，極板に使われている金属名を記せ。

負極＿＿＿＿＿＿＿＿＿＿

正極＿＿＿＿＿＿＿＿＿＿

(2) この電池の負極と正極で反応する物質を化学式で記せ。

負極＿＿＿＿＿＿＿＿＿＿

正極＿＿＿＿＿＿＿＿＿＿

(3) 負極と正極の反応を，電子を含む反応式で記せ。

負極＿＿＿＿＿＿＿＿＿＿＿＿＿＿＿＿＿

正極＿＿＿＿＿＿＿＿＿＿＿＿＿＿＿＿＿

(4) 負極と正極で起こっている反応は「酸化反応」「還元反応」のいずれか記せ。

負極＿＿＿＿＿＿＿＿＿＿

正極＿＿＿＿＿＿＿＿＿＿

(5) この電池の電流の向きは「亜鉛板から銅板」「銅板から亜鉛板」のいずれか記せ。

＿＿＿＿＿＿＿＿＿＿＿＿＿＿＿＿＿

**4 ダニエル型電池の起電力** ダニエル電池の亜鉛 Zn 板と硫酸亜鉛 $ZnSO_4$ 水溶液の代わりに，ニッケル Ni 板と硫酸ニッケル $NiSO_4$ の水溶液を用いて，図のようなダニエル型電池を作成した。これについて次の各問いに答えよ。

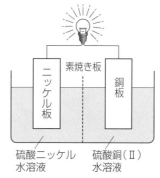

(1) ニッケル Ni と亜鉛 Zn と銅 Cu をイオン化傾向が大きい順に記せ。

＿＿＿＿＿ ＞ ＿＿＿＿＿ ＞ ＿＿＿＿＿

(2) この電池の負極と正極は何か，極板に使われている金属名を記せ。

負極＿＿＿＿＿＿＿＿＿＿

正極＿＿＿＿＿＿＿＿＿＿

(3) このとき，電池の起電力はダニエル電池よりも大きくなるか小さくなるか記せ。

＿＿＿＿＿＿＿＿＿＿＿＿

**5 身近な電池** 次の文にあてはまる電池をすべて選び，記号で答えなさい。

（ア） マンガン乾電池
（イ） アルカリマンガン乾電池
（ウ） 鉛蓄電池　　（エ） リチウムイオン電池

(1) 充電できない電池

＿＿＿＿＿＿＿＿＿＿

(2) 充電して繰り返し使用できる電池

＿＿＿＿＿＿＿＿＿＿

(3) スマートフォンなどの電池として利用されている電池

＿＿＿＿＿＿＿＿＿＿

# 15 電気分解 【発展】

## 学習のポイント

①**電気分解**　電極で電気エネルギーにより酸化還元反応を起こさせる操作。

　**陰極**…外部電源の負極に接続した電子が流れ込む電極。**還元**反応が起こる。

　**陽極**…外部電源の正極に接続した電子が流れ出る電極。**酸化**反応が起こる。

②**電極での反応**

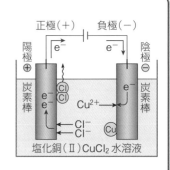

| 陰極における反応 | | 陽極における反応※ | |
|---|---|---|---|
| $Ag^+$ $Cu^{2+}$ | $Ag^+ + e^- \longrightarrow Ag$ $Cu^{2+} + 2e^- \longrightarrow Cu$ | $Cl^-$ $I^-$ | $2Cl^- \longrightarrow Cl_2 + 2e^-$ $2I^- \longrightarrow I_2 + 2e^-$ |
| $H^+$ | $2H^+ + 2e^- \longrightarrow H_2$ | $OH^-$ | $4OH^-$ $\longrightarrow O_2 + 2H_2O + 4e^-$ |
| $Na^+$，$K^+$，$Mg^{2+}$ など | $2H_2O + 2e^-$ $\longrightarrow H_2 + 2OH^-$ | $SO_4^{2-}$ $NO_3^-$ | $2H_2O$ $\longrightarrow O_2 + 4H^+ + 4e^-$ |

※陽極が白金・炭素棒以外のときは，陽極の金属が酸化される　（例）陽極が銅 $Cu$…$Cu \longrightarrow Cu^{2+} + 2e^-$

**1** **電気分解の原理**　次の記述の（　）にはあてはまる語句や係数を，[　]には化学式を記せ。

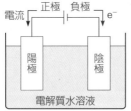

　電池の（ア　　　）極に接続した電極を陰極といい，（イ　　　　　）反応が起こる。また，電池の（ウ　　　　）極に接続した電極を陽極といい，（エ　　　　　　）反応が起こる。

　塩化銅（Ⅱ）$CuCl_2$ 水溶液を電気分解すると，陰極では（オ　　　　　）反応が起こって[カ　　　　　]が析出し，陽極では（キ　　　　　　）反応が起こって[ク　　　　　]が発生する。電極の反応を，それぞれ電子を含む反応式で記すと，次のようになる。

陰極　$Cu^{2+} + ($ケ　　$)e^- \longrightarrow [$コ　　　　$]$

陽極　$2Cl^- \longrightarrow [$サ　　　$] + ($シ　　$)e^-$

**2** **電極における反応**　次の各反応における反応物と生成物から，電子を含む反応式を完成させよ。

(1) 陰極で銅（Ⅱ）イオン $Cu^{2+}$ が還元されて銅 $Cu$ が析出する。

_____

(2) 陰極で銀イオン $Ag^+$ が還元されて銀 $Ag$ が析出する。

_____

(3) 陰極で水 $H_2O$ が還元されて水素 $H_2$ と水酸化物イオン $OH^-$ が生成する。

_____

(4) 陰極で水素イオン $H^+$ が還元されて水素 $H_2$ が発生する。

_____

(5) 陽極で塩化物イオン $Cl^-$ が酸化されて塩素 $Cl_2$ が発生する。

_____

(6) 陽極でヨウ化物イオン $I^-$ が酸化されてヨウ素 $I_2$ が生成する。

_____

(7) 陽極で水 $H_2O$ が酸化されて酸素 $O_2$ と水素イオン $H^+$ が生成する。

_____

(8) 陽極で水酸化物イオン $OH^-$ が酸化されて酸素 $O_2$ と水 $H_2O$ が生成する。

_____

**3** **電極における反応** 次の水溶液を陰極, 陽極とも炭素棒を用いて電気分解した場合に起こる, 両極の反応式を記せ。

(1) 硫酸銅(Ⅱ)$CuSO_4$ 水溶液

**解き方** 水溶液中には, おもに $Cu^{2+}$ と $SO_4^{2-}$ のイオンが存在する。陰極では $Cu^{2+}$ が($^{ア}$　　　)されるので, ($^{イ}$　　　)が析出する。

陰極

$\left(^{ウ}\hspace{8em}\right)$

一方, 陽極では($^{エ}$　　　)反応が起こるが, $SO_4^{2-}$ は( エ )されにくいイオンなので, $H_2O$ が( エ )される反応が起こる。したがって, ($^{オ}$　　　)が発生する。

陽極

$\left(^{カ}\hspace{8em}\right)$

(2) 塩化銅(Ⅱ)$CuCl_2$ 水溶液

陰極

陽極

(3) 硝酸銀 $AgNO_3$ 水溶液

陰極

陽極

(4) 塩酸

陰極

陽極

(5) 水酸化ナトリウム $NaOH$ 水溶液

陰極

陽極

(6) 塩化ナトリウム $NaCl$ 水溶液

陰極

陽極

(7) ヨウ化カリウム $KI$ 水溶液

陰極

陽極

(8) 硫酸 $H_2SO_4$

陰極

陽極

**4** **電極における反応** 次の水溶液を両極とも次の金属板で電気分解した場合に起こる, 両極の反応式を記せ。

(1) 硫酸銅(Ⅱ)$CuSO_4$ 水溶液
  (陰極：Cu 板, 陽極：Cu 板)

**解き方** 水溶液中には, おもに $Cu^{2+}$ と $SO_4^{2-}$ のイオンが存在する。陰極では, $Cu^{2+}$ が($^{ア}$　　　)されるので, ($^{イ}$　　　)が析出する。

陰極

$\left(^{ウ}\hspace{8em}\right)$

一方, 陽極では, 陽極が金属の銅 Cu なので電極自身が($^{エ}$　　　)されて溶け出す。したがって, 陽極の反応は次のようになる。

陽極

$\left(^{オ}\hspace{8em}\right)$

(2) 硝酸銀 $AgNO_3$ 水溶液
  (陰極：Ag 板, 陽極：Ag 板)

陰極

陽極

## 2. 酸と塩基（2）

**4** (1) （ア）0.0017　（イ）0.10　（ウ）$1.7 \times 10^{-2}$
(2) $1.5 \times 10^{-2}$　(3) $2.0 \times 10^{-2}$
(4) （ア）0.30　（イ）0.010　（ウ）$3.0 \times 10^{-3}$
(5) $2.0 \times 10^{-3}$ mol/L

## 3. 水素イオン濃度と pH

**2** (1) （ア）0.10　（イ）1.0　（ウ）0.10
(2) $2.0 \times 10^{-3}$ mol/L　(3) 0.20 mol/L
(4) （ア）0.10　（イ）1.0　（ウ）0.10
(5) $1.0 \times 10^{-3}$ mol/L　(6) 0.20 mol/L

**3** (1) 3　(2) 6　(3) 10
(4) $[H^+] = 1.0 \times 10^{-11}$ mol/L, pH=11
(5) $[H^+] = 1.0 \times 10^{-8}$ mol/L, pH=8
(6) $[H^+] = 1.0 \times 10^{-4}$ mol/L, pH=4
(7) $[H^+] = 1.0 \times 10^{-2}$ mol/L
(8) $[H^+] = 1.0 \times 10^{-5}$ mol/L
(9) $[H^+] = 1.0 \times 10^{-10}$ mol/L, $[OH^-] = 1.0 \times 10^{-4}$ mol/L
(10) $[H^+] = 1.0 \times 10^{-12}$ mol/L, $[OH^-] = 1.0 \times 10^{-2}$ mol/L
(11) $[H^+] = 1.0 \times 10^{-2}$ mol/L, pH=2
(12) $[H^+] = 1.0 \times 10^{-3}$ mol/L, pH=3
(13) $[OH^-] = 0.10$ mol/L, pH=13
(14) $[OH^-] = 1.0 \times 10^{-4}$ mol/L, pH=10

## 5. 中和の量的関係（1）

**1** (1) （ア）1　（イ）1　（ウ）1　（エ）2.0　（オ）1
（カ）2.0
(2) 0.50 mol　(3) 1.2 mol　(4) 0.10 mol

**2** (1) （ア）40　（イ）4.0　（ウ）40　（エ）0.10　（オ）1
（カ）1　（キ）1　（ク）1　（ケ）0.10　（コ）0.10
(2) $2.0 \times 10^{-2}$ mol　(3) $2.0 \times 10^{-2}$ mol
(4) （ア）0.020 または，$\dfrac{20}{1000}$　（イ）1.0
　（ウ）0.020 または，$\dfrac{20}{1000}$　（エ）0.020
　（オ）2　（カ）1　（キ）2　（ク）0.020　（ケ）1
　（コ）0.040　（サ）40　（シ）0.040　（ス）1.6
(5) 0.32 g　(6) $6.0 \times 10^{-2}$ g　(7) 0.250 mol　(8) 0.45 L

## 6. 中和の量的関係（2）

**1** (1) （ア）1　（イ）2　（ウ）1　（エ）0.10
　（オ）0.100 または，$\dfrac{100}{1000}$　（カ）2　（キ）0.20
　（ク）0.025 または，$\dfrac{25}{1000}$　（ケ）25
(2) 25 mL　(3) 20 mL　(4) 25 mL

**2** (1) （ア）1　（イ）2　（ウ）1
　（エ）0.050 または，$\dfrac{50}{1000}$　（オ）2　（カ）0.20
　（キ）0.025 または，$\dfrac{25}{1000}$　（ク）0.20
(2) $5.0 \times 10^{-2}$ mol/L　(3) $2.0 \times 10^{-2}$ mol/L
(4) 2　(5) 2

## 7. 中和滴定（1）

**2** （ウ）0.010 または，$\dfrac{10}{1000}$　（カ）0.012 または，$\dfrac{12}{1000}$
（キ）1　（ク）1　（ケ）1　（コ）0.010 または，$\dfrac{10}{1000}$
（サ）1　（シ）0.10　（ス）0.012 または，$\dfrac{12}{1000}$
（セ）0.12

**3** (1) $5.0 \times 10^{-2}$ mol/L　(2) 0.25 mol/L
(3) $5.0 \times 10^{-2}$ mol/L

## 8. 中和滴定（2）

**4** (4) $4.00 \times 10^{-2}$ mol/L　(5) $5.00 \times 10^{-2}$ mol/L

## 9. 酸化還元の定義・酸化数

**2** (1) 0　(2) 0　(3) +2　(4) −1　(5) −2　(6) −2
(7) +4　(8) −3　(9) −1　(10) +7　(11) +6
(12) −1　(13) +1　(14) −1　(15) −3　(16) +5
(17) +2

## 12. 酸化還元の量的関係

**1** (1) （ア）5　（イ）2　（ウ）5　（エ）0.10　（オ）2
（カ）0.25
(2) 0.50 mol　(3) 0.25 mol

**2** (1) （ア）5　（イ）2　（ウ）5　（エ）0.10
　（オ）0.010 または，$\dfrac{10}{1000}$　（カ）2　（キ）0.50
　（ク）0.0050 または，$\dfrac{5.0}{1000}$　（ケ）5.0
(2) 20 mL　(3) 0.20 L　(4) $8.0 \times 10^{-2}$ mol/L